模拟地震资料抢救项目质量管理规程 2024

徐文文　王文青　张晓曈　朱飞鸿
张志朋　刘　伟　柴旭超　宋　亮　著

地震出版社

图书在版编目(CIP)数据

模拟地震资料抢救项目质量管理规程.2024 / 徐文文等编. -- 北京 : 地震出版社, 2024. -- ISBN 978-7-5028-5670-0

Ⅰ. P315.732-65

中国国家版本馆 CIP 数据核字第 20249DQ428 号

地震版 XM5709/P(6512)

模拟地震资料抢救项目质量管理规程 2024

徐文文 王文青 张晓曈 朱飞鸿 张志朋 刘 伟 柴旭超 宋 亮 著

责任编辑:张 平

责任校对:凌 樱

出版发行:地 震 出 版 社

北京市海淀区民族大学南路 9 号　　邮编:100081

发行部:68423031　68467991　　传真:68467991

总编室:68462709　68423029

http://seismologicalpress.com

E-mail:zqbj68426052@163.com

经销:全国各地新华书店

印刷:北京华强印刷有限公司

版(印)次:2024 年 9 月第一版　2024 年 9 月第一次印刷

开本:880×1230　1/16

字数:27 千字

印张:1

书号:ISBN 978-7-5028-5670-0

定价:25.00 元

目　　录

1 总则

为统一规范国家模拟地震资料抢救项目的质量管理工作，依据《GB/T 19000系列质量管理标准体系》《关于印发模拟地震资料抢救项目实施管理办法的通知》《关于加强模拟地震观测资料抢救工作的通知》《模拟测震图纸电子化扫描技术规程 $_{2020}$》《模拟地球物理图纸扫描技术规程 $_{2020}$（水平摆）》《模拟地球物理图纸扫描技术规程 $_{2020}$（磁照图）》《模拟地球物理图纸扫描技术规程 $_{2022}$（水位、气压）》等相关技术标准及《模拟测震台站图纸基础信息录入软件》《模拟测震遥测台网图纸基础信息录入软件》《模拟地球物理图纸基础信息录入软件》等相关录入软件，制定本规程。

2 适用范围

本规程适用于模拟地震观测资料电子化扫描过程中的质量管理工作。

3 质量管理过程

模拟地震资料抢救项目质量管理过程包括：

质量管理规划：识别项目及其可交付成果的质量要求、标准，并书面描述项目符合质量要求、标准的证明。

质量管理实施：把组织的质量政策用于项目，并将质量管理计划转化为可执行的质量活动。

质量控制评价：为了评估绩效、监督和记录质量管理活动的执行结果，确保项目成果完整、正确。

3.1 任务分工

中国地震局第二监测中心作为该项目的牵头单位，负责该项目的协调管理、制（修）订规程、举办业务培训、协助负责单位组织验收、收集、存储扫描成果等工作。

各省、自治区、直辖市地震局作为模拟地震观测资料的生产和保存单位，负责局属模拟地震观测资料抢救项目的质量管理工作。如果该局属单位采用外包扫描，那么该局属单位（甲方）为验收方，扫描公司（乙方）为实施方；如果该局属单位自己扫描，局属单位专项工作领导组为验收方，局属单位专项工作实施组（责任部门）为实施方。

3.2 质量管理规划

本过程的主要作用是为在整个项目期间如何管理和核实质量提供指南和方向。在规划阶段，各省、自治区、直辖市地震局的项目团队根据项目管理办法和该项目出版的4部已有规程可召开规划会议来制订项目质量管理计划。本项目质量管理计划内容一般包括管理规划细则和质量测量指标两项内容。

3.2.1 质量管理规划细则

质量管理规划细则包含内容有：①项目采用的质量标准；②项目的质量目标；③质量管理的角色与职责；④需要质量审查的项目可交付成果和过程；⑤为项目规划的质量控制和质量管理活动；⑥项目使用的质量工具。本规划细则主要以质量管理的角色为主线涵盖上述其他的内容进行阐述。第一部分为实施方质量管理细则，第二部分为验收方质量管理细则。

实施方质量管理规划细则主要分为以下六步：

（1）负责扫描工作人员甲和基础信息录入工作人员乙须按照项目采用的质量标准《模拟测震图纸电子化扫描技术规程$_{2020}$》技术规程的4章节的要求配合起来做好图纸的扫描和录入工作，并把相关录入软件产生的xml文件拷贝到对应的单月文件夹中，扫描录入结束后须填写项目的可交付成果之一《扫描记录表》，记录内容包括：扫描日期，扫描人员，扫描数量和扫描图纸等，该表模板如附件1所示。

（2）图纸全检（图纸的100%检查）人员丙须定期对所录入完成的电子化图片及其文档资料严格按照《模拟测震图纸电子化扫描技术规程$_{2020}$》技术规程的3.5和3.6章节认真检查，并把检查过程记录在项目的可交付成果之二《全检记录表》中，检查内容包括：检查日期、检查内容、数量、合格数、不合格数、合格率、图像质量不合格页数记录（漏扫错扫张数、图像不完整张数、图像倾斜张数、信息录入错误张数、对应xml文件与图像不一致条数、存疑图纸未加备注张数、原图纸未按规范归档张数等）、不合格图像的文件名及错误原因详细记录、检查人，该表模板如附件2所示。

（3）全检人员丙把检查所发现的扫描问题反馈给扫描人员甲，把检查所发现的录入问题反馈给录入人员乙，甲和乙改正相应的问题，并产生项目的可交付成果之三《问题解决反馈表》。图纸质量问题解决后需要反馈的内容：文件夹名称、文件数量、错误内容、解决方式、解决人、解决日期等，该表模板如附件3所示。解决完问题后，需要由检查人员丙进行复检，并且产生项目的可交付成果之四《复检记录表》，复检内容包括：复检日期、复检文件夹名称、复检详细内容、数量、合格数、不合格数、合格率、图像质量不合格页数记录（漏扫错扫张数、图像不完整张数、图像倾斜张数、信息录入错误张数、对应xml文件与图像不一致条数、存疑图纸未加备注张数、原图纸未按规范归档张数等）、不合格图像的文件名及错误原因详细记录、复检人等，该表模板如附件4所示。

（4）重复上述步骤（2）、（3），直到所检查的电子化图片和文档资料的技术要求符合《模拟测震图纸电子化扫描技术规程$_{2020}$》，这时称该检查的图纸资料合规，于是我们得到了合规的图纸资料A。在此迭代过程中，需要产生问题解决反馈表、复检记录表等记录中间发现错误和改正错误的过程。

（5）抽查人员丁定期按规定的比例抽查资料A，产生项目的可交付成果之五《扫描质量抽查表》，需抽查的内容包括：图纸产地、抽查时间/地点、抽查人、实施方、验收方、抽查数量、抽查内容（文件夹目录和文件数量）、抽查分项（抽查图纸方式、扫描完整性、是否漏扫、扫描效果、电子图像是否清晰、电子文档是否按规程命名、基础信息录入是否正确、文件夹是否按照相关规程命令、文件夹对应的xml文件是否正确、存疑图纸是否全部添加备注、原始图纸是否按照相关规范归档等）、列出不合格图纸具体信息并统计该次抽查合格率（后文有讲述合格率达标定义），该表模板如附件5所示。

（6）如果合格率不达标，则重复上述步骤（2）、（3）、（4）直到达到规定的合格率，得到合规的资料B。

验收方质量管理规划细则主要分为以下三步：

（1）项目进行时，验收方定期检查过程中按规定比例抽查资料B的合格率，并填写附件5《扫描质量抽查表》。

（2）项目完工后，实施方提交验收申请时，再次按规定比例抽查实施方交付的资料B的合格率，填写附件5《扫描质量抽查表》。

（3）验收方抽检结论有两种：①不合格，进入实施方质检，整改完成后，再次提交成果给验收方，验收方再次进行质检，直到合格；②合格，项目达到了质量目标（所有的测量图纸扫描和录入满足《模拟测震图纸电子化扫描技术规程 $_{2020}$》中 3.5 和 3.6 章节的要求，所有的地球物理图纸扫描和录入满足《模拟地球物理图纸扫描技术规程 $_{2020}$（水平摆）》或《模拟地球物理图纸扫描技术规程 $_{2020}$（磁照图）》或《模拟地球物理图纸扫描技术规程 $_{2022}$（水位、气压）》中 3.5 和 3.6 章节的要求）、材料提交给验收方质量管理部门。质量管理部门进行质量评价工作，得出是否具备验收条件的结论。

为了容易理解和记忆上述质量管理规划，其质量管理过程详细流程图见附件 6。

3.2.2 质量测量指标

（1）检查依据：模拟测震图纸参考《模拟测震图纸电子化扫描技术规程 $_{2020}$》中 3.5 文件命名与图纸信息采集和 3.6 存储介质与存储要求部分进行质量检查。模拟地球物理图纸分别参考《模拟地球物理图纸扫描技术规程 $_{2020}$（水平摆）》《模拟地球物理图纸扫描技术规程 $_{2020}$（磁照图）》和《模拟地球物理图纸扫描技术规程 $_{2022}$（水位、气压）》中 3.5 文件命名与图纸信息采集和 3.6 存储介质与存储要求部分进行质量检查。

（2）为了保证样本代表性，结合图纸文件夹材料相关特性，采用系统抽样法进行抽样。系统抽样法适用于总体个数较多，抽取样本容量也较大的情况，详见附件 7。

（3）实施方在全检之后的抽查环节抽样比例不低于 5%，合格率（合格图纸张数 / 抽查图纸张数）不低于 98%。

（4）在实施方扫描、录入和自检过程中产生的项目可交付成果附件 1 至附件 5 这五类表格须定时发送给验收方。

（5）在实施方提交验收申请时需要给验收方提供签字（如果实施方为公司须签字盖章）的纸质表格，电子化扫描成果提交须按照《模拟测震图纸电子化扫描技术规程 $_{2020}$》技术规程中的 5 章节要求。

（6）上述检查流程中产生的各种表格须如实填写，如有不实，须重新检查并提交新的检查表，并且承担所产生的任何后果（本条针对实施方为外包公司）。

3.3 质量管理实施

本过程的主要作用：①提高实现质量目标的可能性；②识别无效过程和导致质量低劣的原因；③使用控制质量过程的数据和结果向验收方展示项目的总体质量状态。质量管理过程需要在整个项目期间内开展。

实施方和验收方须严格执行 3.1.1 质量管理规划细则。

验收方须承担的质量管理工作包括：

（1）定期收集实施方发送的项目可交付成果：《扫描记录表》《全检记录表》《问题解决反馈表》《复检记录表》和《扫描质量抽查表》这 5 类表格与相关图纸材料进行对比。

（2）定期开展模拟地震资料抢救项目现场工作：检查工作，收集常见问题，解决相关技术问题。

（3）定期开展模拟地震资料抢救项目培训会议给相关工作人员进行培训。

（4）如果项目中遇到了问题，可利用因果图，有助于识别问题的主要原因或者根本原因，因果图如下：

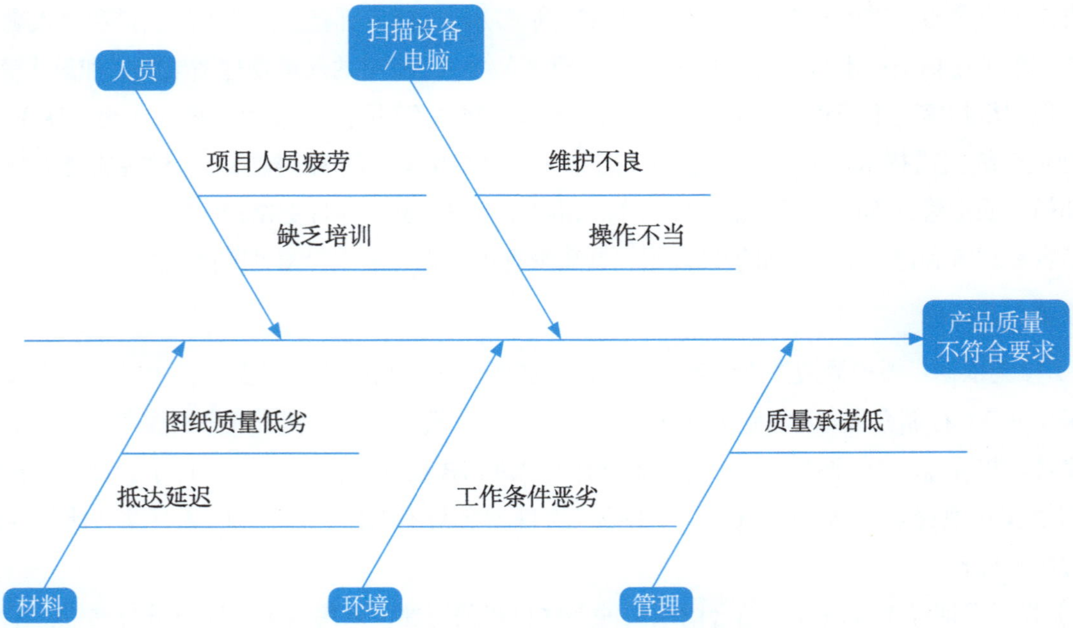

图 1　管理质量因果图

（5）如果项目中遇到实施方和验收方解决不了的技术问题，联系中国地震局第二监测中心相关负责人组织协调专家 (召集会议) 进行充分讨论，分析和解决问题。

3.4　质量控制的评价

本过程的主要作用：①核实项目可交付成果和工作已经达到验收方质量要求，可申请最终验收；②确定项目输出是否达到预期目的，这些输出需要满足所有适用标准、要求、法规和规范。

验收方质量把控人员须在验收之前进行质量控制评价，具体内容如下：

（1）核查实施方提交的过程文档是否按照 3.1 和 3.2 节中规定的质量测量指标来执行，并且评判执行的是否达标。

（2）查阅验收方承担的质量管理工作对应的相关文档是否合规齐全。

（3）通过对验收材料的核实得出项目是否达到验收标准的结论。结论一：材料不齐全，或没有达标，勒令其整改或返工，直到达到验收标准；结论二：达到验收标准，通知验收方验收人员该项目具备验收条件，可以验收。

附件

附件 1　扫描记录表

扫描记录表

（同时填制纸质版和电子版）

扫描日期	扫描人员	扫描数量	扫描图纸

附件 2　全检记录表

全检记录表

（同时填制纸质版和电子版）

<table>
<tr><td colspan="2">实施方：xxx</td><td colspan="12">模拟资料抢救 (XX) 项目图纸质量全检记录表</td><td colspan="2">第　份</td></tr>
<tr><td rowspan="2">检查日期</td><td rowspan="2">检查内容</td><td rowspan="2">数量</td><td rowspan="2">合格数</td><td rowspan="2">不合格数</td><td rowspan="2">合格率</td><td colspan="8">图像质量不合格页数记录</td><td rowspan="2">不合格图像的文件名及错误原因详细记录</td><td rowspan="2">检查人</td></tr>
<tr><td>漏扫错扫（张）</td><td>图像不清晰（张）</td><td>图像不完整（张）</td><td>图像倾斜（张）</td><td>信息录入错误（张）</td><td>对应 xml 文件与图像不一致（条）</td><td>存疑图纸未添加备注（张）</td><td>原图纸未按规范归档（张）</td></tr>
<tr><td>2024.3.1</td><td>按文件夹名称写例如：SY/1992/02</td><td>50</td><td>45</td><td>5</td><td>90.00%</td><td></td><td></td><td></td><td></td><td>5</td><td></td><td></td><td></td><td>把错误的每一张图片名称写出来
例如：锦州台 1999 年 7 月 XXX(文件名)台站名错误/日期错误/时间错误等详细列出错误文件夹命名的具体信息，以及错误的 .xml 文件的具体信息</td><td></td></tr>
<tr><td></td><td></td><td></td><td></td><td></td><td></td><td></td><td></td><td></td><td></td><td></td><td></td><td></td><td></td><td></td><td></td></tr>
<tr><td></td><td></td><td></td><td></td><td></td><td></td><td></td><td></td><td></td><td></td><td></td><td></td><td></td><td></td><td></td><td></td></tr>
<tr><td></td><td></td><td></td><td></td><td></td><td></td><td></td><td></td><td></td><td></td><td></td><td></td><td></td><td></td><td></td><td></td></tr>
</table>

注：红色文字为示例内容，下同。

附件 3　图纸质量问题解决反馈表

图纸质量问题解决反馈表

（同时填制纸质版和电子版）

实施方：×××				第　　份		
序号	文件夹名称	数量	错误内容①	解决方式	解决人	解决日期
1		1	例如：锦州台 1999 年 7 月 ×××（文件名）台站名错误	找到对应的 xml 文件，并对图像就行重新录入，现已修改为×××	×××	2024.3.10
2		2	例如：锦州台 1999 年 7 月份图像漏扫两张	找到对应原图纸，进行重新扫描，并录入，现已添加，文件名为×××	×××	2024.3.10

注：①把每一个错误的文件名详细写出。

附件 4　复检记录表

复检记录表

（同时填制纸质版和电子版）

实施方：xxx			图纸质量复检记录表											第　份	
复检日期	复检文件夹名称	复检详细内容	数量	合格数	不合格数	合格率	图像质量不合格页数记录							不合格图像的文件名及错误原因详细记录	复检人
							图像不清晰（张）	图像不完整（张）	图像倾斜（张）	信息录入错误（张）	对应xml文件与图像不一致（条）	存疑图纸未添加备注（张）	原图纸未按规范归档（张）		
2024.3.15		文件名——写出。例如：锦州台 1999 年 7 月 ×××（文件名）台站名错误 / 日期错误 / 时间错误等，详细列出错误文件夹命名的具体信息，以及错误的 .xml 文件的具体信息	5	5	0	100.00%									

附件 5　扫描质量抽查表

扫描质量抽查表

（同时填制纸质版和电子版）

<table>
<tr><td>图纸产地</td><td></td><td>时间 / 地点</td><td></td><td>抽查人</td><td></td></tr>
<tr><td>验收方</td><td></td><td>实施方</td><td></td><td>抽查数量</td><td></td></tr>
<tr><td>抽
查
内
容</td><td colspan="5">详细列出抽查图纸的具体信息，具体到某一个单月的文件夹，这个文件夹共有多少张图纸，文件夹命名是否正确，该文件夹中是否包含相应的 .xml 文件。并写明该文件夹是按照 A,B,C,……这 10 种方法中的哪种方式抽查的。</td></tr>
<tr><td rowspan="9">抽
查
分
项</td><td colspan="3">抽查图纸方式：A,B，……任选一种</td><td colspan="2">所使用（　）方式抽查</td></tr>
<tr><td colspan="3">扫描完整性，是否有漏扫情况</td><td colspan="2">☐完整　☐有遗漏（　）</td></tr>
<tr><td colspan="3">扫描效果，电子图像是否清晰</td><td colspan="2">☐清晰　☐不清晰（　）</td></tr>
<tr><td colspan="3">电子文档是否按扫描规程命名</td><td colspan="2">☐合格　☐不合格（　）</td></tr>
<tr><td colspan="3">基础信息录入是否正确</td><td colspan="2">☐正确　☐有错误（　）</td></tr>
<tr><td colspan="3">文件夹是否按照相关规程命名</td><td colspan="2">☐合格　☐不合格（　）</td></tr>
<tr><td colspan="3">文件夹对应的 .xml 文件是否正确</td><td colspan="2">☐正确　☐有错误（　）</td></tr>
<tr><td colspan="3">存疑图纸是否全部添加备注</td><td colspan="2">☐添加　☐有遗漏（　）</td></tr>
<tr><td colspan="3">原始图纸是否按相关规范归档</td><td colspan="2">☐合格　☐不合格（　）</td></tr>
<tr><td>其
他</td><td colspan="5">详细列出不合格扫描图纸的具体信息，例：锦州台 1998 年 6 月漏扫 2 张；锦州台 1999 年 7 月 ×××(文件名) 图纸基础信息录入错误。详细列出错误文件夹命名的具体信息，以及错误的 .xml 文件的具体信息。（说明文字可删除）</td></tr>
</table>

实施方代表：

附件 6　质量管理过程详细流程图

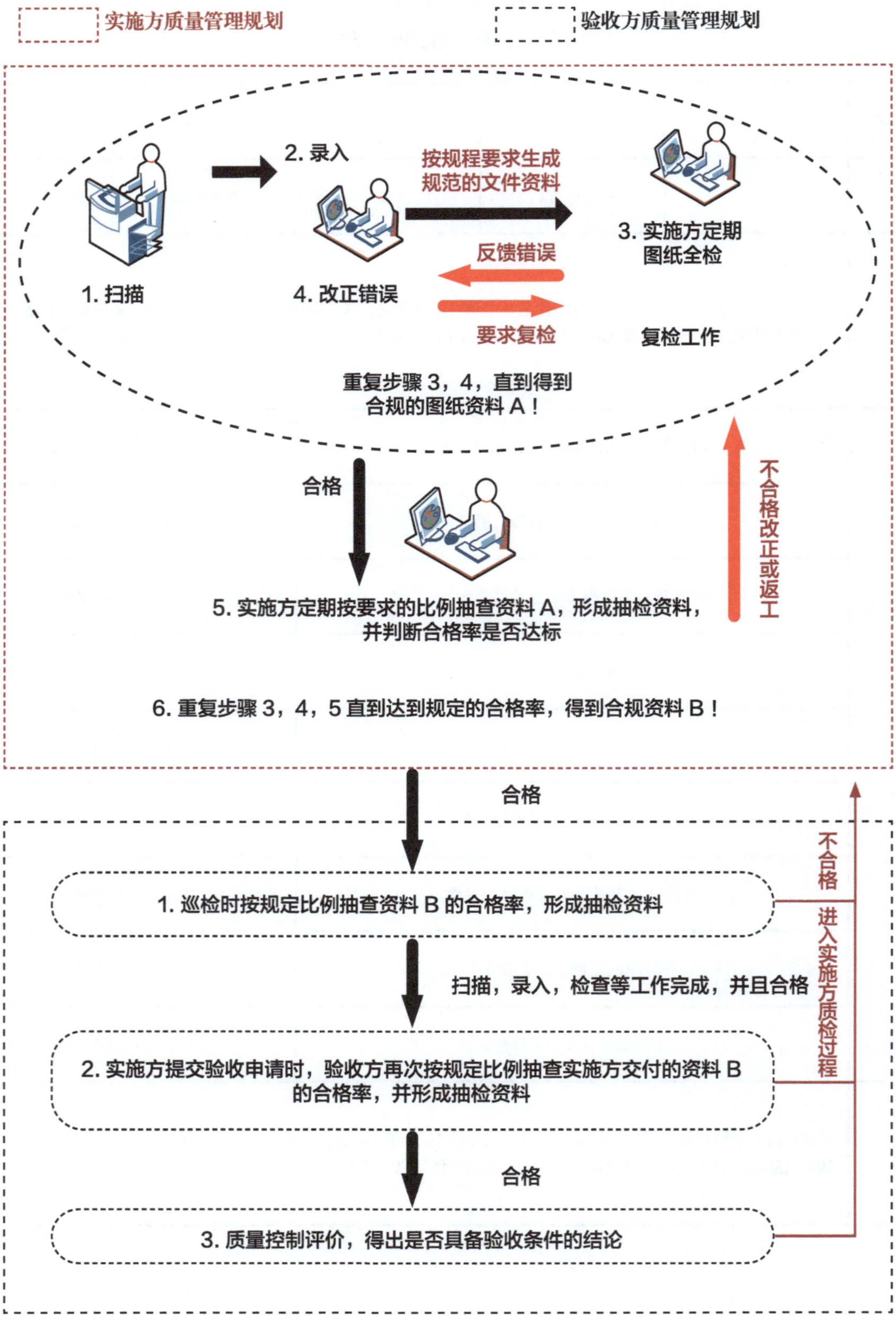

图 2　质量管理过程详细流程图

附件 7　抽样方法和具体抽样要求

系统抽样法的抽样方法：

（1）采用随机的方式将总体的个体编号。

（2）将整个的编号按照一定的间隔（设为 K）分段，分段编号从一开始。当 N/n（N 为总体中的个体数，n 为样本容量）是整数时，$k=N/n$；当 N/n 不是整数时，从总体中剔除 r 个个体，使剩下的总体中个体的个数 $N-r$ 能被 n 整除，这时，$k=(N-r)/n$，并将剩下的总体重新编号。

（3）在第一段中用简单随机抽样确定起始的个体编号 l；

（4）将编号为 l，$l+k$，$l+2k$，…，$l+(n-1)k$ 的个体抽出。

以上四个步骤简记为：编号；分段；在第一段确定起始号，加间隔获取样本。

系统抽样法的具体抽样要求：

（1）打开以月为单位的文件夹，查看 -> 列表，这就可以把该文件夹的图片的按照上下纸时间顺序从小到大进行排列。下述步骤中出现的数字 1，2，3，…代表的是文件夹中图片的顺序。

（2）按照抽查要求，每个文件夹抽查量不少于 5%（5% 为实施方抽检比例规定，验收方抽检比例为 3%），下面我们以 5% 进行说明，大致分为以下三种情况：

① 如果一个文件夹有 30 张或 60 张图纸左右，抽查图纸的数量不少于 2 张或 3 张，以 60 张图纸抽检为例，顺序有以下 20 种方式，任选一种：

方式 A：1，21，41；

方式 B：2，22，42；

方式 C：3，23，43；

……

方式 T：20，40，60；

② 如果不属于第一种情况，即某个文件夹图少于 30 张或者大于 60 张，也按照 A，B，C，……，20 种的其中一种执行，只要保证抽查数量不少于 5% 即可，例如该文件夹有 18 张，按照 A，B，……，H 中的一种方法抽取 1 张即可。

③ 步骤（2）中 A，B，C，……，20 种方式任选一种即可，为了保质保量的完成抽查工作和后续复查的有迹可循，务必在抽查表里面要做记录选择的是 A，B，C，……哪一种抽查方式。